西洋乐器(一)

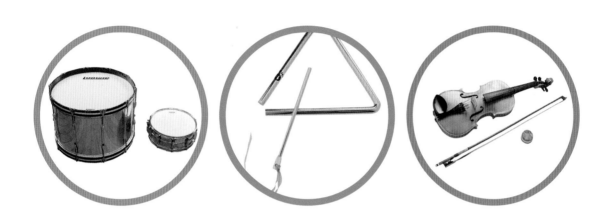

前言

　　每个时代、每个地区都有独特的乐器，其中对世界影响最大、使用最为普遍的是西洋乐器。

　　西洋乐器的种类非常多，每一种乐器都有它基本的发音原理。小朋友，本书为你介绍的是其中4种基本乐器：打击乐器、弦乐器、木管乐器及铜管乐器。通过简明扼要的文字说明、精美的插画和摄影图片，让你了解这些乐器的特色、构造和演奏方法。相信你一定会喜欢！

目 录

人体是最奇妙的乐器

唱歌、跳舞，是相当快乐、有趣的事情。尤其是当音乐响起的时候，更是令人忍不住想跟着唱、跟着跳呢！

其实，没有音乐的时候，你也可以张开嘴巴唱歌，哼些调子自己制造点音乐。

唱歌前，细心体会一下乐曲的意思，调整好适当的心情。再深深吸一口气，让肺部充满空气，然后把口张开，大声地唱。

这时候你会发现，有一股气流由肚子往上升，通过横膈膜、胸腔、喉咙，从口中出来，让你发出和平常说话不一样的声音。

这就是世界上最奇妙、最能控制自如的乐器——人的发声系统，也是你最早会使用的乐器。

其次，你所接触到的音乐，有来自电视、唱机、录音机、卡拉 OK 所播放的，也有来自风琴、钢琴等所弹奏的。

这些音乐的声音，是由各种不同的乐器弹奏出来的，和我们用口唱出来的声音不大相同。人体可以说是一种自然的乐器，而那些需要经过弹奏才能发出声音的乐器，则是人造的乐器。

西洋乐器和中国乐器的区别

人类使用乐器的历史非常久远，可能比语言的发明还早。到现在为止，全人类使用过的乐器，种类多得难以数计。

世界各地都有它独特的乐器，习惯上常以国家或地区的不同来划分乐器，例如，印尼乐器、南美乐器。不过，这种划分法只是为了方便起见，并不是十分准确。

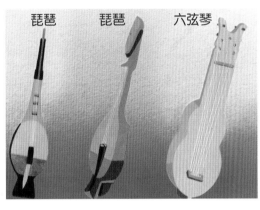

▲ 菲律宾乐器

世界各民族所发明的乐器，经过长时间文化的交流和彼此的影响，乐器的地域性已经逐渐模糊了。所以，在认识这些乐器以前，不要因为"西洋乐器"或"中国乐器"的名称，而认定某个乐器一定是西方国家发明的或中国发明的。比较正确的说法，应该是西方人所长期使用的乐器称为西洋乐器，中国人所长期使用的乐器称为中国乐器。

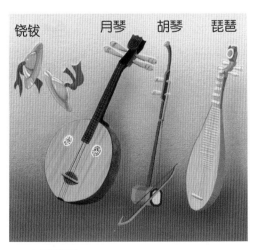

▲ 中国乐器

西洋乐器有四种基本形式

西洋乐器的种类非常多，每一种乐器的制造都有它基本的发音原理。这些原理大致可分成四种基本形式，而后又根据这四种基本形式，发展出四类乐器：

一、打击乐器

二、弦乐器

三、木管乐器

四、铜管乐器

除此以外，还有些乐器的构造比较复杂，运用了两种或两

种以上的发音原理。例如钢琴，一般习惯上把它归入键盘乐器中，但它的构造包括了打击乐器和弦乐器两种发音原理。

由于现代电子产品的普遍使用、科技发展的迅速，乐器的面貌日新月异，令人目不暇接。除了上面所说的四种基本形式以外，又延伸发展出许多新乐器，这些新乐器运用了光学、电学等原理，产生非常特殊的效果。键盘乐器和现代新乐器，构造上都包括了多种发音原理，比较复杂，这些将在另一本书《西洋乐器（二）》里为你介绍。

本书主要介绍你认识根据某一种发音原理所制造出来的乐器：打击乐器、弦乐器、木管乐器、铜管乐器。

因为种类非常繁多，只能挑选小朋友们最常见、也最喜爱的一些乐器来介绍。当你读完这本书之后，就可以认识24种乐器了。

▼ 交响乐团的演奏

打击乐器的发音原理

小时候，你一定有过敲打玩具、桌面，使它发出声音的经验吧？

不论你用的是手，还是其他器具，只要被敲打的东西能发出声音，就会带给你无限的乐趣。

不过，这样敲打出来的声音总是差不多，没有高低音的变化。现在，让我们来动手试试另一种游戏。

拿几个大小不同的玻璃杯，里面装上高低不同的水，用一根棍子依顺序敲打杯子。

▼ 小朋友试试看，敲敲各种器物是否会发出声音

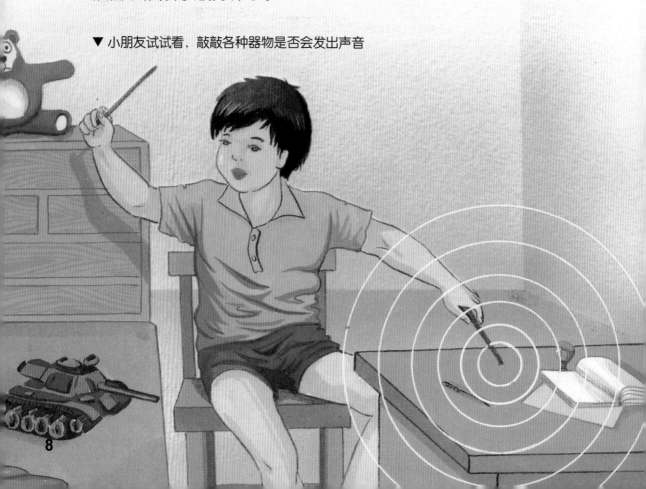

8

结果，产生了高低不同的声音。

在西洋乐器里，最早出现、最纯粹、种类也最多的，就是根据上面的原理所制造的打击乐器。

打击乐器本身一定要具有能发出声音的条件，通常是由皮膜、金属、木类等制作而成。近代由于音乐家们寻求突破传统的演奏方式，打击乐器被运用的范围也越来越广，花样更是层出不穷呢！

以下我们介绍几种常见而富有趣味的打击乐器。

▼ 玻璃杯中装入不同量的水，敲出来的声音高低都不一样哟

铃鼓

铃鼓是一种伴奏用的乐器，音色明亮轻快。小朋友的游戏表演中常常使用铃鼓，一方面用来配合音乐的节拍，一方面用来增加舞蹈的变化。

铃鼓的构造。在窄短的鼓筒上，钉有一面膜皮。鼓筒的周围装有小型的铙钹，数量没有限定。鼓筒上有一个小孔作为手握部位。

铃鼓的奏法。拿铃鼓的方法有两种。一，把拇指插入小孔内，除了小指以外，其他三指抓住筒内。二，把拇指搭在膜面边缘，用无名指或中指勾进孔内。

一手拿好铃鼓，另一手可以用指尖、平手、曲掌、握拳等方式，敲打膜面或框缘。

也可以摆动铃鼓，振动铙钹，发出声音以配合节奏。

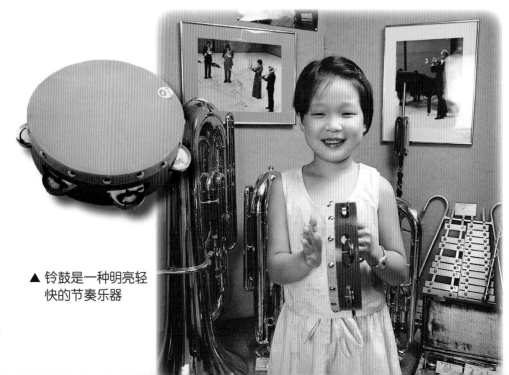

▲ 铃鼓是一种明亮轻快的节奏乐器

小鼓

小鼓的音色轻脆，适合快速、细碎的节奏，常常用来调整队伍行进的速度。在小学的鼓号乐队里，往往由几个小鼓搭配一个大鼓，作伴奏用。

小鼓的构造。在直径约30～40厘米的鼓筒上，两头都钉有膜皮。膜框上固定膜皮的有两种形式，一种是用箍环拴紧膜皮，叫作螺栓型；一种是用绳索拴紧膜皮，叫作绳紧型。

另外，附有硬木材制成的两支鼓棒，以及一条鼓带、一副鼓架。

小鼓的奏法。右肩斜挂鼓带，把小鼓吊在左腿前，上鼓面朝右方倾斜，这是最标准的姿势。也可以把小鼓平放在鼓架上，站着或坐着演奏。

两手各拿一支鼓棒，把鼓棒夹在拇指和食指间，右手掌心朝下，左手掌心微微朝上，敲在鼓膜上，这是最标准的姿势。

大鼓

小鼓

中鼓

中鼓的音色没有小鼓那样轻快，但敲奏起来有余韵，音色比较圆润，常用来伴奏轻音乐。

中鼓的构造。与小鼓相同，只是体积比较大。

中鼓的奏法。与小鼓一样。不过，由于体积比较大，在室内演奏时，一定要用鼓架架起。

必要时，可以在鼓棒的棒头扎上布圈，使演奏的声音轻柔些。

大鼓

大鼓的音色低沉，是一种低音乐器，很适合用来表现雄壮庄严的气氛，常常使用在大合奏中。

大鼓的构造。与小鼓相同，只是体积十分庞大。鼓棒有单头和双头两种。

大鼓的奏法。通常把大鼓竖着，放在鼓架上演奏。步行演奏的时候，把大鼓竖着挂在胸前，鼓膜朝左右两方，只用一手拿一支鼓棒，从旁边敲打鼓膜中央。

▲ 音色低沉的大鼓敲打起来雄壮庄严

► 清脆的声音最适合伴奏儿歌

▼ 三角铁

三角铁

三角铁的音色清脆，是一种高音而有余韵的乐器，常用来伴奏儿歌或简单的乐曲。

三角铁的构造。用圆铁弯成三角形，其中一角开口。三角铁的顶端绑着一根绳索。另外，附有一支铁棒。

三角铁的奏法。一手提着绳索，一手拿铁棒敲击三角铁的斜边外侧。

铜锣

铜锣的音色十分响亮，余韵持久而丰富，很适合用来表现欢乐热闹的气氛，常常使用在大合奏中。

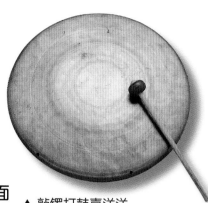

▲ 敲锣打鼓喜洋洋

铜锣的构造。用铜制成圆盘形的锣，锣面中间的部分微微鼓起，锣的边缘绑有绳索。另外，附有一支锣棒。

铜锣的奏法。一手提着绳子，另一手拿锣棒，敲打锣面的中央。如果敲打比较大型的铜锣，必须把铜锣吊在架子上，再用锣棒敲打。

铙钹

铙钹的音色清脆响亮，余韵持久，也适合表现欢乐热闹的气氛，常常使用在大合奏中。

铙钹的构造。用铜制成两片圆盘形的铙钹，盘形的中间凸起，正中央有一个孔，穿过一条钹带。另外，附有一支鼓棒。

铙钹

铙钹的奏法。奏法共有三种：一，两手各套过两片铙钹的钹带，拿稳以后，互相碰击；二，一手拿着一片铙钹，另一手拿着鼓棒，敲打钹面；三，把一片铙钹安装在大鼓的鼓筒上，一边敲打大鼓，一边敲打铙钹。

铁琴

铁琴的音色清脆尖细，鲜明有力，在小学的节奏乐队里，常用来作为主奏的乐器。由于它的音域狭窄，只有两到三个八度音阶，所以只能敲奏比较简单的乐曲。它也可以用作伴奏乐器。

铁琴的构造。由许多长短不同的小铁片，排列在梯形的板架上，以产生高低不同的音。另外，附有两支琴棒。

铁琴的奏法。将铁琴平放固定，两手各拿一支琴棒，敲打铁片。也可以把铁琴竖起来，底部靠在腰上，一手扶着琴身，一手用琴棒敲打。

▲铁琴曼妙的声音小朋友最喜欢

木琴

　　木琴的音色轻快，比铁琴柔和，在学校的节奏乐队里，也常用来作为主奏的乐器。它的音域比铁琴宽一点，不过也只能敲奏简单的乐曲。

　　木琴的构造。与铁琴相同，只是板架上排列的是长短不同的小木片。

　　木琴的奏法。与铁琴相同。

▼ 木琴可站着演奏，也可坐着演奏

响板

响板的音色高亢明亮，是一种轻快的乐器，在一般场合里很少用到，但是小学的乐队却少不了它。小朋友所学的乐曲大多比较轻快，使用响板，可以强调节奏，让大家正确地配合拍子唱歌或跳舞。

响板的构造。响板可分为两种：第一种是分成两块木片，每一块上端绑着绳索，木片内侧中间凹下一块，以增加共鸣；第二种是把两块木片固定在一支木柄下方的两侧，撞击木板，产生声音。

响板的奏法。第一种响板的奏法，是把拇指套进两块木片的绳索里，碰撞两块木片；第二种响板的奏法非常简单，只要摇动木柄便可。

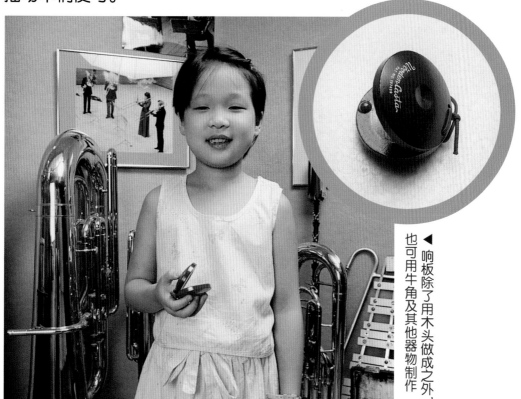

◀ 响板除了用木头做成之外，也可用牛角及其他器物制作

木鱼

　　木鱼的音色清脆有力，常常用来伴奏儿歌或简单的乐曲。另外，在中国寺庙里也以木鱼作为念经敲击的法器。

　　木鱼的构造。有中国式与西洋式的两种。在小朋友的游戏表演中，通常都用中国式的木鱼来配合节奏。西洋木鱼有圆形和方形两种。方形木鱼没有高低音的变化，而圆形木鱼是由两个圆管组合而成，可以产生高低音的变化。

　　木鱼的奏法。把木鱼固定住，一手拿着小鼓用的鼓棒，敲打它的外部。

▼ 各种形状的木鱼

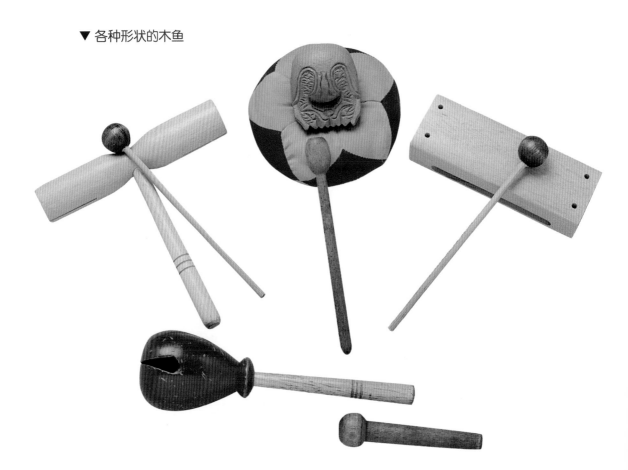

弦乐器的发音原理

　　你玩过弹橡皮筋的游戏吗？只要你把橡皮筋拉长，往目标射过去，就会听到咻的一声。或者，你把橡皮筋套在拇指和食指上，拉开来，再用另一只手的手指拨拨看，也会听到橡皮筋发出声音。而且，橡皮筋还会轻微地振动，过一会儿才静止。

▼ 小朋友你玩过橡皮筋吧？是否注意过它会发声

试试看，用长短粗细不同的几条橡皮筋重复上面的游戏，看看它们所产生的声音和振动有什么不同。

比较一下结果，会发现几个道理：一，越短的橡皮筋，产生的声音越高、振动越大；二，越细的橡皮筋，产生的声音越高、振动越大。

再找一个长方形的空盒子。把橡皮筋剪断，一头绑在图钉上，钉在桌面上固定好，另一头拉过盒子的上方，再用手拨拨看。你会发现，声音变大了，也响得比较久。

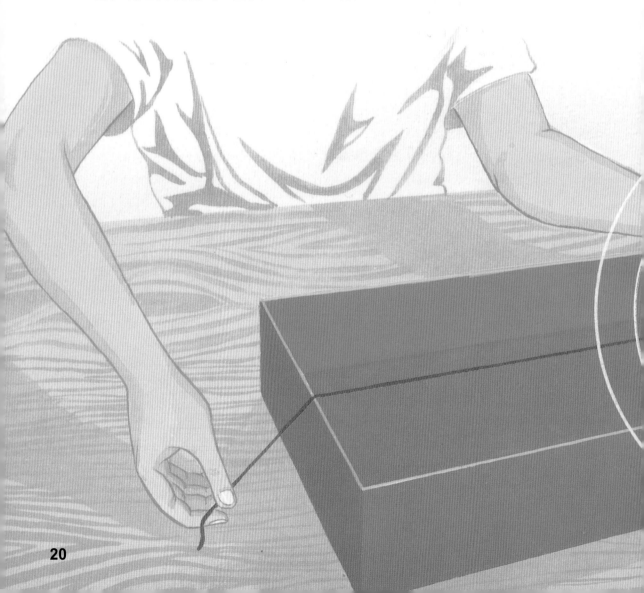

这是因为在自然情况下，不论是什么材料的弦，振动后产生的余韵都会很快消失，但是如果通过共鸣器，使余韵从一定的空间里散发出来，就会延续和增强响度，产生比较好的共鸣。

通过长短粗细不同的弦和形式不同的共鸣器，弦乐器才能产生丰富而多变的音色。

以下介绍几种音色优美动人的弦乐器。

▼ 共鸣器让橡皮筋所振动的响度更大

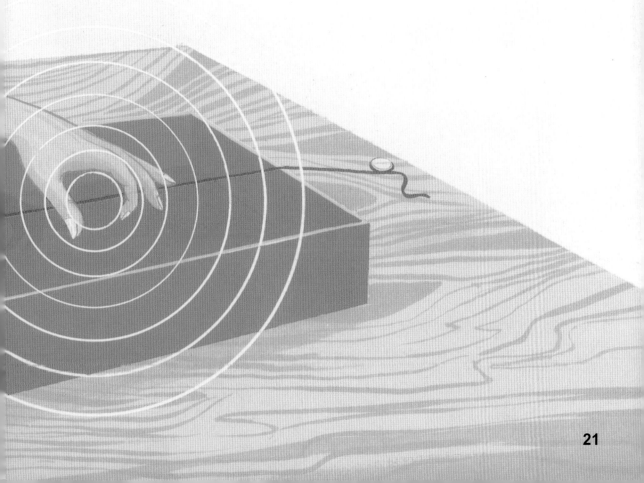

小提琴

　　小提琴的音色丰富细腻，很适合用来表现各种情感，无论是独奏还是合奏，它优美的音色都能打动人心。在交响乐团中，小提琴的使用率最高，演奏者的席位也最多，是一种非常重要的西洋乐器。

▲ 小提琴优美的音色最动人

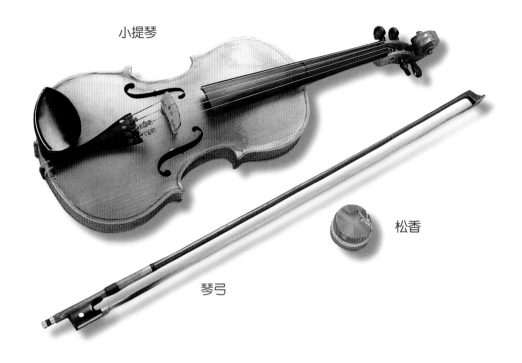

小提琴

松香

琴弓

　　小提琴的构造。琴身的主要部分是一个中空的木制共鸣箱，以及一个长长的琴杆。琴杆，有一个俗称叫作琴颈。四条琴弦从共鸣箱上，一直延伸到琴杆，架在琴身的正中央。这四条琴弦分别由钢线或尼龙线制成，是小提琴发音的来源。

　　另外，附有一支琴弓。琴弓是由木材制成的，琴弓根部的弓毛采用马尾毛制成。由于弓毛容易因摩擦而断裂，所以需要常常添补或换新的。

　　小提琴的奏法。左肩向前倾，把琴身架在下巴下，夹住琴身的底部。琴杆稍微向上翘起，左手按着琴弦，右手拿着琴弓，以上下来回的方式，用弓毛摩擦共鸣箱上的琴弦。另外，在弓毛上涂以松香，可增加摩擦力。

中提琴

中提琴的音色哀怨动人，有独特的魅力。它的音域和小提琴差不多，体积却比较大，演奏起来不如小提琴方便，因此很少用来当作独奏的乐器，大多用作合奏乐器。

中提琴的构造。与小提琴相同，只是体积比较大。

中提琴的奏法。大致上和小提琴相同，只是因为体积比较大，手指按弦的方法稍有不同，琴杆略微向下倾。

大提琴

大提琴的音色低沉浑厚，庄重有力，听起来很庄严，也有一些哀伤感，适合用来表现含蓄深沉的情感。无论独奏或合奏，都能扣人心弦。

大提琴

小提琴

大提琴的构造。大致上和小提琴类似，只是由于体积庞大，有些细部构造不同。琴身的底部，设有一支能支持琴身的琴脚，有直式和弯式两种，高低可以调整。

大提琴的奏法。坐在有椅背的椅子上，张开两腿。把琴脚放在地上，琴身的下半部搁在两腿之间，整个琴身稍微向外倾斜，琴头靠着左肩。左手按着琴弦，右手拿着琴弓，以左右来回的方式，用弓毛摩擦共鸣箱上的琴弦。同样以松香涂在弓毛上以增加摩擦力。

▼ 多了琴脚是大提琴不同于小提琴的地方

竖琴

竖琴的音色非常优美典雅，使我们听起来如梦似幻，有置身仙境里的感觉。可是，由于它的音色太独特了，不能表现多种不同的情感，所以通常只用来当作合奏的乐器，较少用来独奏。

竖琴的构造。竖琴的体积很大，有一根和成人差不多高的琴柱，支撑着整个琴身。47 根长短粗细不同的琴弦，连接在上方的板梁和下方的共鸣箱之间。在琴柱的柱底还有一块厚厚的琴台，琴台的左右两边各有几个踏瓣，可供踩踏，以调整半音。

竖琴的奏法。坐在椅子上，把共鸣箱靠在右肩，琴台稍微向前方翘起，两手拨动琴弦。必要时，用脚踩踏瓣，以产生需要奏出的音符。

▼ 弹奏竖琴有一种高雅独特的气质

吉他

　　吉他的音色变化很大，可以表现各种情感，再加上它的体积不大，携带轻便，因此成为一种流行于全世界的重要乐器。但是，由于它的音量小，不适合用于合奏，所以往往被用来单独演奏。

　　吉他的构造。形状与小提琴有点类似，构造上有两点比较大的差异，一是琴弦的数目不同，一是共鸣箱的形式不一样。吉他共有六根琴弦，在共鸣箱的中上方有一个圆洞，作为音孔。

▼ 吉他——流行全世界的重要乐器

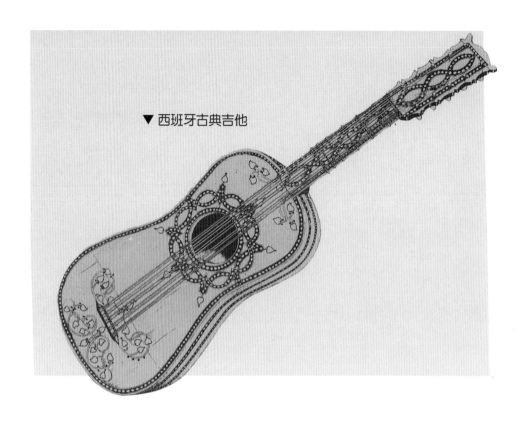

▼ 西班牙古典吉他

　　吉他的奏法。有坐姿和立姿两种。坐着弹奏时，可把左脚垫高，再把吉他共鸣箱的凹处架在腿上，左手按着琴弦，右手拨动音孔上方的琴弦。站着演奏时，可把吉他的共鸣箱横抱在胸前，或用琴带斜挂在身前，左手按弦，右手拨弦。

　　除了一般形式的吉他以外，还有一种西班牙吉他，也叫作古典吉他。琴身上往往刻有精美的图案，看起来古色古香。这种吉他的音色比较华丽，可用来弹奏古典乐曲。

　　当代的乐手们流行使用电吉他，这是一种在吉他上面加装电线、电源体等设备的乐器，音色比较尖细。由于没有共鸣箱，弹奏时必须使用音响设备扩大吉他的音量。

木管乐器的发音原理

找 几个瓶口小的空瓶子，深深地吸一口气，按照瓶子的大小顺序，用嘴靠在瓶口吹气。你会发现，大瓶子的声音比较低，小瓶子的声音比较高。

这是因为从瓶子的一头吹气，空气会往瓶子里流动，遇到瓶子里原来的空气阻抗，便会产生振动，发出声音。瓶子越大，空气流动的距离越长，产生的振动越弱，声音也就越低。

▼ 你一定有过吹瓶子发声的经验吧

再倒一些水在瓶子里吹吹看，会发现声音变高了。水倒得越多，水面离瓶口越近，声音也越高。

这是因为水波有扬声的作用，会把声音扩散出去。

木管乐器便是根据上面的原理制造而成的。

木管乐器中的空气，可以经由许多方法振动而发音。它的发音装置叫作吹口，有时吹口上会装设一个或两个簧片，经由簧片的振动来发音。管身上大多设有几个小孔，叫作音孔，当演奏者的手指压放音孔时，可以产生高低音的变化。

木管乐器一定要靠着嘴的吹奏，才能产生声音。吹奏时，嘴型的变化和吸气、吐气的方式，对音色有绝对的影响。因此，木管乐器的吹奏技术，要细心地揣摩和练习。

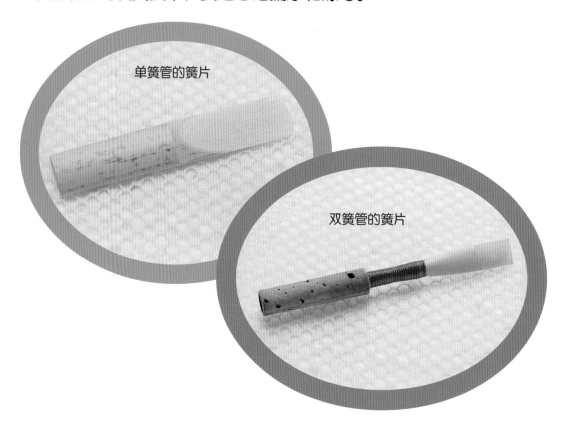

单簧管的簧片

双簧管的簧片

▲ 中国的管乐器是用竹子制成的

　　中国的管乐器是用竹子制成的，欧洲由于竹子很少，而用木材制造，所以称为木管乐器。近代，木管乐器大多采用金属制成，可是因为它和铜管乐器在构造和吹奏原理上都不相同，为了区分开来，还是沿用旧名称，叫作木管乐器。

　　以下是小朋友常见的几种木管乐器。

长笛

　　长笛的音色明亮，可以表现辉煌灿烂的气氛。许多著名的作曲家都为长笛谱过曲，例如巴赫、贝多芬、莫扎特。不过，长笛不能表现出低沉忧郁的音色，是一种表现范围比较窄的乐器。

　　长笛的构造。由长约62厘米的金属管制成。分成吹口管、本管、尾管3个部分。吹口管上有一个吹口，外面装有唇垫。本管上有13个音孔，每个音孔外面有键盘。尾管上有键机，可以吹出特别的低音。

▼ 长笛尾管上的键机
　 可吹出特别的低音

长笛的奏法。两手横掌长笛，便吹口管靠近肩膀，尾管稍微向下低斜。用一只手的拇指支持本管的下半段，其他手指放在键盘上。吹奏时，下唇靠住吹口上的唇垫，把气吹进去，同时两手也按动键盘，吹奏出不同的音符。

短笛

短笛的音色尖锐璀璨，吹奏高音的时候，非常灵活快速。由于管身比较短，吹奏的技术也比较灵活，可以吹出更复杂的音。

短笛是木管乐器中能发出最高音的一种乐器，在管弦乐团中，它清亮的声音特别突出。

短笛的构造。与长笛类似，只是没有附加尾管。由于短笛的管子太细，不容易拿着，所以大多由木材制成。

▼ 短笛是木管乐器中能发出最高音的一种乐器

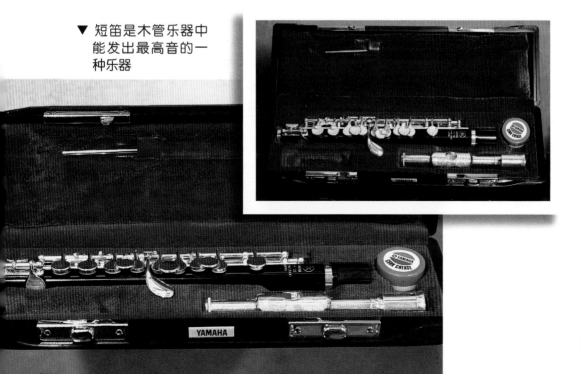

双簧管

双簧管的音色十分忧郁，富有感情。吹奏起来，不需太费力，可以吹奏比较长的旋律。双簧管很少用来独奏，大多使用在管弦乐或室内乐的合奏中。

双簧管的构造。全长约60～70厘米。管身呈圆锥形，喇叭口略微膨胀。大致分成管头、管身、管尾三个部分。吹口外有两个簧片，由双芦竹片对合而成，除芦苇外，还可用竹片、竹蔗材料制作，用线扎起来，插入吹口。簧片插的深浅，会影响音律，因此吹奏前要先调整音律。

双簧管的奏法。吹奏时，嘴唇衔住簧片，一边收缩舌头吹气，一边按动键盘。

◀ 双簧管音色忧郁
▼ 管身呈圆锥形

单簧管

　　单簧管，又称黑管。它能表现宽广的音域，音色的变化非常丰富，各种音乐里都用得到。在管乐的合奏中，它所扮演的角色，相当于交响乐中的小提琴，是一种非常重要的乐器。

　　单簧管的构造。是木管乐器中构造最特殊的一种乐器，它的管身是圆柱形，喇叭口略微膨胀。共分为 5 个部分，以便于卸下来携带。吹口上有一个簧片，音孔上设有键盘。

　　单簧管的奏法。两手直拿竖笛，嘴唇衔住簧片向内吹气，振动簧片。一边吹奏，一边按音孔。

◀ 圆柱形的管身　　　　▼ 管身可拆成五个部分

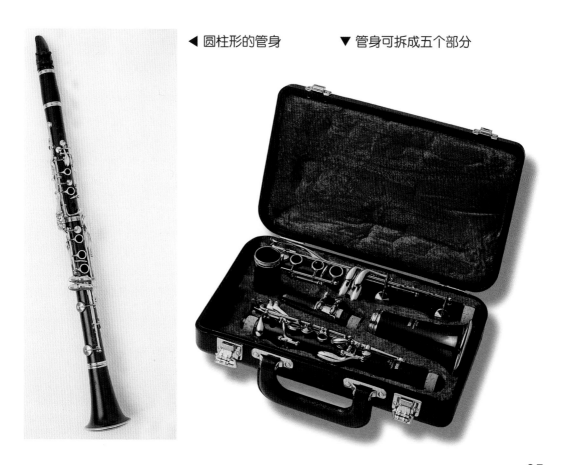

萨克斯管

萨克斯管，又叫萨克斯风。它的管身比较粗大，外形看起来很像喇叭类的乐器。不过，从它的构造和吹奏原理来看，萨克斯管应该属于木管乐器。

萨克斯管可以吹出柔和的音，也可以吹出激昂的音，因此常常使用在轻音乐或军乐中。演奏爵士音乐，萨克斯管更是不可缺少的一种乐器。

萨克斯管的构造。管身呈圆锥形，由金属制造。大致分成吹口、吹口管、本管三个部分。吹口上有一个簧片，本管上有一些直接镶嵌在管上的键机。

萨克斯管的奏法。用绳带吊着管身，斜挂在肩上。嘴唇衔着簧片，一边吹奏，两手一边按着键机。

◀ 轻音乐及爵士乐不可缺少的萨克斯管

铜管乐器的发音原理

从你的玩具里，挑选一个两头都开口的漏斗形玩具，这个玩具最好是由金属制成的。

试试看，把嘴唇整个压进比较小的开口，往里面吹气。你会发现，从大的开口传出了呜呜的声音。

再找几个长短宽窄不同的漏斗形玩具，分别吹吹看，比较结果。

你会发现，越长的漏斗形玩具声音越低，越短的声音越高；开口越宽的漏斗形玩具声音越低，越窄的声音越高。

铜管乐器便是根据上面的原理制造而成的。

古时候，常常用兽角来当号角，作为传达信号与命令的工具，尤其在战争中用途最大。这是因为号角的声音很响亮，可以传到比较远的地方。铜管乐器便是从号角演变而来。

这种乐器没有簧片，也没有音孔，完全要靠人用嘴唇吹奏，振动管子里的气流，以产生声音。因此，吹奏的人一定要有足够的肺活量、熟练的技巧，才能吹出好听的声音。

▲ 试试看谁的肺活量大

　　小朋友们在成长过程中，还没有完全发育成熟，吹奏这种乐器，一定会觉得非常困难，力不从心。只有少数肺活量特别大的小朋友，经过老师的指导后，才能吹奏。

　　铜管乐器真是一种难度很高的乐器呢！

　　以下是几种常见的铜管乐器。

小号

小号，也叫作小喇叭，它可以吹出柔和的音，也可以吹出灿烂的音，是一种音色变化丰富的乐器。小号使用的范围很广，不论是独奏，或者用于轻音乐、管弦乐的合奏中，都能发挥效果。

小号的构造。由圆筒形的窄薄铜管弯曲而成，管的顶端有一个吹口，中间有三个活塞、三个滑瓣，尾端逐渐扩大为喇叭口。

小号的奏法。用直拿的方式，左手托住曲管中间，以右手按着上面的活塞。嘴唇紧贴在吹口上，深吸一口气以后，再慢慢把气吹出，一边吹，一边按动活塞。

▼ 小号的使用范围最广（小喇叭）

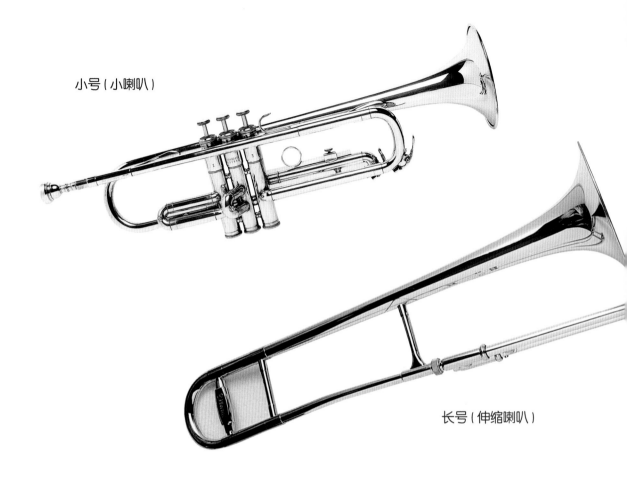

小号（小喇叭）

长号（伸缩喇叭）

长号

　　长号，又叫作伸缩喇叭。它的音色雄壮高亢，很适合吹奏进行曲，学校的乐队里更是少不了它。

　　长号的构造。也是由圆筒形的窄薄铜管弯曲而成，大致分成杯形号嘴、U形伸缩管、主体管三个部分。伸缩管由内外两个管子合成，外管可以拉动，以伸缩管的长短，产生高低不同的音。

　　长号的奏法。用直拿的方法，左手托住曲管中间，以右手拉动伸缩管的外管。嘴唇紧贴在吹口上，一边吹气，一边拉动外管。

低音大号（低音喇叭）

低音大号

大号，又叫低音喇叭或土巴号。它是铜管乐器中最低音的乐器，有"音乐之象"的美名。不过，它的音色并非永远低沉，有时也能吹出优雅轻快的旋律。

大号的构造。由圆锥形的宽大铜管弯曲而成，管的顶端有一个杯子形状的号嘴，中间有4～6个活塞，尾端扩张成大喇叭口。

大号的奏法。由于大号的体积很大，坐着吹奏时，要把乐器搁在腿上。站着吹奏时，必须用绳带吊着乐器，斜挂在肩上。不过，坐着吹奏比站着吹奏要容易得多。

乐器的组合和保养

乐器的演奏形态非常多，有时可以独奏，有时可以使用两种以上的乐器组合起来演奏。

通常是由几种弦乐器或几种管乐器组合起来，一起演奏，有时也加上钢琴伴奏，创造出比较丰富的音色。

把音色协调的乐器组合起来在室内演奏，叫作室内乐。室内乐有二重奏、三重奏、四重奏、五重奏、六重奏等，七种以上乐器合奏的室内乐比较少见。

▼ 小提琴和钢琴的二重奏

▲ 木管组成的室内乐

重奏是一种比较小的乐器组合形态，大的组合形态所用到的乐器非常多，可以组成乐团。例如，打击乐团、管乐团、弦乐团、管弦乐团。

这些大型乐团的演奏方式，变化很大。把多种乐器组合在一起，可奏出不同情感的旋律，也可产生不同的效果。

当你听到组合不同乐器所演奏出来的声音时，很容易发现乐器彼此的音色都不一样。

每一种乐器的音色都有独特性，要把这些音色表现得很好，不但要靠演奏者的技巧，保养乐器的功夫也非常重要。

▼ 古典室内乐

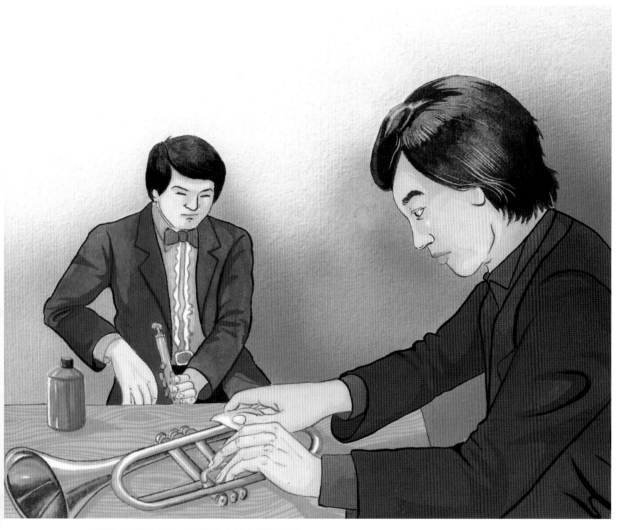

▲ 乐器使用过后，必须注意擦拭保养喔

　　每一种乐器使用过后，都应该小心地放好，使它不容易接触到空气中的灰尘。每隔一段时间，要注意把灰尘擦掉，保持清洁。金属类的乐器，先用绒布把表面的汗水擦干，再用特定的油擦拭，以保持干净。

　　保养好乐器，你才可以随时快快乐乐地拿起乐器来演奏哟！

图书在版编目（CIP）数据

西洋乐器.1 / 台湾牛顿出版公司编著 . —北京：
人民教育出版社，2015.1
　（小牛顿百科馆）
　ISBN 978-7-107-29308-5

　Ⅰ．①西…　Ⅱ．①台…　Ⅲ．①西乐器—少儿读物
Ⅳ．①TS953.3

　中国版本图书馆 CIP 数据核字（2014）第 302123 号

本书由牛顿出版股份有限公司授权人民教育出版社出版发行
北京市版权局著作权合同登记号　图字：01－2014－8355 号

责任编辑：王林
美术编辑：王喆
图文制作：北京人教聚珍图文技术有限公司

人民教育出版社出版发行
网址：http://www.pep.com.cn
山东临沂新华印刷物流集团有限责任公司印装　全国新华书店经销
2015 年 1 月第 1 版　2015 年 1 月第 1 次印刷
开本：787 毫米×1092 毫米　1/16　印张：3
字数：60 千字
定价：12.00 元